BEI GRIN MACHT SICH IHR WISSEN BEZAHLT

- Wir veröffentlichen Ihre Hausarbeit, Bachelor- und Masterarbeit

- Ihr eigenes eBook und Buch - weltweit in allen wichtigen Shops

- Verdienen Sie an jedem Verkauf

Jetzt bei www.GRIN.com hochladen und kostenlos publizieren

Bibliografische Information der Deutschen Nationalbibliothek:

Die Deutsche Bibliothek verzeichnet diese Publikation in der Deutschen National-
bibliografie; detaillierte bibliografische Daten sind im Internet über http://dnb.d-
nb.de/ abrufbar.

Impressum:

Copyright © 2018 GRIN Verlag
Druck und Bindung: Books on Demand GmbH, Norderstedt Germany
ISBN: 9783668867314

Dieses Buch bei GRIN:

https://www.grin.com/document/456264

Alina Steinbach

Unterschiede zwischen der quantitativen und qualitativen Forschung

Theoretische Grundlagen erweitert durch Praxisbeispiele

GRIN Verlag

GRIN - Your knowledge has value

Der GRIN Verlag publiziert seit 1998 wissenschaftliche Arbeiten von Studenten, Hochschullehrern und anderen Akademikern als eBook und gedrucktes Buch. Die Verlagswebsite www.grin.com ist die ideale Plattform zur Veröffentlichung von Hausarbeiten, Abschlussarbeiten, wissenschaftlichen Aufsätzen, Dissertationen und Fachbüchern.

Besuchen Sie uns im Internet:

http://www.grin.com/

http://www.facebook.com/grincom

http://www.twitter.com/grin_com

International University of Applied Science
Internationale Hochschule
Fernstudium

Fernstudium Bachelor of Science Ernährungswissenschaften

BWIR01 – Einführung in das wissenschaftliche Arbeiten

Hausarbeit

Unterschiede zwischen der quantitativen und qualitativen Forschung

Theoretische Grundlagen erweitert durch Praxisbeispiele

I. Inhaltsverzeichnis

II. Abbildungsverzeichnis

III. Abkürzungsverzeichnis

z.B.   zum Beispiel

1 Einführung in die Thematik

Die Debatte, ob die qualitative und die quantitative Forschungsmethode gleichwertig sind, hat eine historische und philosophische Tradition. Auch nach vielen Jahren der Diskussion ist diese immer noch aktuell. Auf Basis dessen erscheint es fast schon absurd, dass qualitative und quantitative Forschungsmethoden häufig zusammen eingesetzt werden. (Kelle 2008, S.9)

U. Kelle beschreibt in diesem Zusammenhang: „In den vergangenen Jahren haben solche Projekte (die Kombination von qualitativen und quantitativen Methoden) zudem zahlreiche Methodeninnovationen (etwa im Bereich der computergestützten Auswertung qualitativer Daten) angeregt." (Kelle 2008, S.9)

Dieser Widerspruch zwischen Debatte und Symbiose der qualitativen und quantitativen Forschung hat mich neugierig gemacht, weshalb ich mich für dieses Thema meiner Hausarbeit entschieden habe. Außerdem dient mir das Thema als Vorbereitung auf die Wahl der richtigen Forschungsmethode für die Bachelorarbeit.

Ich habe außerdem eine naturwissenschaftliche Vorbildung, weshalb mir die quantitative Forschung schon sehr vertraut ist. Aus Neugier auf die qualitativen Ansätze und dem Vergleich mit der quantitativen Forschung habe ich mich darüber hinaus für das Thema „Unterschiede zwischen der quantitativen und qualitativen Forschung" entschieden.

Was sind denn nun die qualitative und die quantitative Forschung?

Die qualitative Forschung stellt dabei die Forschung dar, dessen Ergebnisse sich nicht in Zahlen darstellen lassen, sondern dessen Methoden sich mit Realitätserfassung der Teilnehmer befassen. Mithilfe der qualitativen Forschungsmethoden können Beobachtungen zu den einzelnen Personen in Gesprächen gemacht werden, wodurch diese Testpersonen charakterisiert werden können. (Gehmacher 2008, S.221f.) Das ist in der quantitativen Forschung nicht möglich.

Mithilfe der quantitativen Forschung hingegen werden die Ergebnisse in Zahlen dargestellt, welche aus Messungen hervorgehen. Sie dient einer statistischen Beurteilung von Merkmalen, welche aus einer Stichprobenuntersuchung der Zielgruppe resultiert. (Gehmacher 2008, S.221)

Zu Beginn der Arbeit werde ich mich zunächst mit der Begriffsdefinition der qualitativen und quantitativen Forschung beschäftigen.

Anschließend werde ich die beiden Forschungen miteinander vergleichen, bevor ich jeweils eine Forschungsstudie vorstellen werde. Ich werde den Schwerpunkt auf die Forschungsstudien legen, da diese mein Interesse besonders geweckt haben und hier die Forschungen in die Praxis umgesetzt werden. Somit werden für den Leser die Unterschiede zwischen der quantitativen und qualitativen Forschung verdeutlicht.

Das Fazit beschreibt die Ausarbeitung des Vergleichs der Forschungsmethoden und den Studien, sowie einen Ausblick auf weitergehende Fragestellungen.

Im Laufe dieser Arbeit habe ich festgestellt, dass sowohl die qualitative, als auch die quantitative Forschung am effektivsten angewendet werden kann, wenn diese beide zusammenwirken und sich jeweils ergänzen. Die meisten Studien sind eine Kombination aus Forschungsmethoden beider Forschungen. (Gehmacher 2008, S.221)

Auch Gehmacher stellt in Frage, ob eine Differenzierung der qualitativen und quantitativen Forschung nötig ist, da die Forschungsmethoden in ihrer Vielfalt häufig kombiniert verwendet werden. (Gehmacher 2008, S.221) Diese Schlussfolgerung wird ebenfalls im Fazit thematisiert.

2   Qualitative und quantitative Forschung

2.1   Qualitative Forschung

Die qualitative Forschung beschäftigt sich mit dem menschlichen Erleben, dem Denken und Handeln, sowie der subjektiven Bedeutung, die der einzelne Mensch seiner Umgebung und seinem Verhalten beimisst. (Schweer 2017, S.48f.) Somit werden mithilfe der qualitativen Forschung, welche auch als Erfahrungswissenschaft bezeichnet wird, nicht-standardisierte Daten erhoben und ausgewertet. (Bohnsack 2010, S. 13ff.)

Das Verhalten eines Menschen wird durch gesellschaftliche Regeln und Pflichten beeinflusst, wobei diese Konventionen interpretativ und situationsabhängig sind. (Schweer 2017, S.49)

Somit ist bei der Auswertung von qualitativen Forschungsmethoden die „situationsgebundene Interpretation" von Bedeutung, da das menschliche Handeln keinen festen Gesetzen folgt. (Schweer 2017, S.49)

Methoden der qualitativen Forschung sind zum Beispiel das Interview, Gruppendiskussionen, Beobachtungen, Einzelfallstudien und qualitative Inhaltsanalysen oder Experimente. (Flick 2009, S.26ff.)

Aus diesen Forschungsmethoden resultiert nichtnumerisches Material, wie z.B. Beobachtungsprotokolle, Zeichnungen, Fotografien und Briefe. (Lehmann 2005, S.297)

Die qualitative Forschung wird für statistisch schwer zu erfassende Zusammenhänge verwendet und wenn nur ein geringes Maß an Vorwissen zur Auswertung vorliegt oder nur eine kleine Zielgruppe zur Verfügung steht. (Bacher/Horwath 2011, S.15f.)

Nachteile der qualitativen Forschung stellt der Mangel an Objektivität dar und die komplexe Auswertung der Daten, sowie ein damit verbundener hoher Zeitaufwand. (Flick 2009, S.21ff.)

Typische Fragestellungen, welche mithilfe der qualitativen Forschungsmethoden erschlossen werden können, sind subjektive Sichtweisen, sowie soziale und gesellschaftliche Interaktionen. (Bacher/Horwath 2011, S.9)

2.2   Quantitative Forschung

Die quantitative Forschung zeichnet sich durch eine theoriegeleitete, objektive und präzise Messung aus, welche statistische Daten erzeugt und auswertet. (Schweer 2017, S.27f.)

Sie stützt sich auf „bewiesene" Aussagen, die durch Sammlung von Daten erlangt werden können. (Blanz 2015, S.12)

Quantitativ ermittelte Daten werden dann erhoben, wenn beispielsweise Umfragen standardisiert vorliegen sollen (z.B. bei einer Zufriedenheitsumfrage). Diese Standardisierung ermöglicht Vergleiche und eine leichte Auswertung. (Lehmann 2005, S.297)

Ein besonderes Merkmal der quantitativen Forschung ist der Versuch des Verzichts auf eine wertende wissenschaftliche Begründung. (Kromrey/Roose/Strübing 2016, S.17)

Nachteilig zeigt sich die quantitative Methode im Hinblick darauf, dass die Gründe der Befragung vor der Anwendung der Forschungsmethode bekannt sein müssen, da sonst der standardisierte Fragebogen nicht erstellt werden kann. (Bacher/Horwath 2011, S.20) Die Methode ist somit nicht flexibel. (Bacher/Horwath 2011, S.14)

Darüber hinaus wird für die quantitative Forschung eine große Fallzahl benötigt, um ein aussagekräftiges statistisches Ergebnis zu erreichen. (Bacher/Horwath 2011, S.16)

Eine quantitative Forschungsmethode ist z.B. die Inhaltsanalyse, welche systematisch und objektiv eine Auswertung von Bildern, Fotos, Filmen und Aufzeichnungen ermöglicht. (Wittenberg/Knecht 2008, S.52)

2.3   Gegenüberstellung der Forschungen

Die qualitative und die quantitative Forschung unterscheiden sich im Wesentlichen durch die Zielsetzung, die Datenerhebung und die Auswertung. (Schweer 2017, S.48)

Die Zielsetzung der qualitativen Forschung liegt dabei auf dem verbalen Ausdruck von Erfahrungsrealitäten, wohingegen das Ziel der quantitativen Forschung die numerische Beschreibung von Erfahrungswerten ist. (Lehmann 2005, S.296)

Außerdem beruhen die erhobenen Daten der quantitativen Forschung auf „offenen Verfahren" (Schweer 2017, S.48) und nicht auf standardisierten, statistischen Messverfahren. Die Auswertung der qualitativen Daten beruht auf interpretative und kategorisierende Verfahren, dessen Ergebnisse Videoaufzeichnungen oder Bilder sind. (Schweer 2017, S.48)

Die quantitative Auswertung hingegen bringt ein statistisches, objektives Ergebnis. (Bacher/Horwath 2011, S.16)

3 Vorstellung von Forschungsstudien

3.1 Qualitative Studie: Wissen und Wissensvermittlung von Öko-Landwirten

3.1.1 Fragestellung der Studie

Im Folgenden wird eine qualitative Studie über die Einschätzung des Wissens und der Wissensvermittlung von Landwirten aus ökologisch wirtschaftenden Betrieben vorgestellt. (Lehmann 2005, S.43) Dabei greift Lehmann Fragestellungen wie die Informationsquellen für das Wissen der Landwirte auf und wie das Wissen vermittelt wird, aber auch der Bezug zwischen dem Wissen und den unterschiedlichen Typen an Landwirten, die befragt wurden. (Lehmann 2005, S.43)

3.1.2 Methode und Auswertung der Studie

Für diese qualitative Studie wurde die Forschungsmethode des qualitativen Interviews gewählt. Da es sich bei der Zielgruppe der Öko-Landwirte, laut der Autorin, um ein „unerforschtes Feld" handelt, bietet sich eine qualitative Forschungsmethode an. (Lehmann 2005, S.44)

Darüber hinaus hat Lehmann sich für das Interview entschieden, um die Teilnehmer der Studie zu beobachten und die „unverzerrt authentische" Aufzeichnung der Informationen zu gewährleisten. (Lehmann 2005, S.45) Außerdem legte die Autorin Wert auf Strukturierung und Offenheit des Interviews, um den Landwirten ein Maß an Freiheit zu gewähren. (Lehmann 2005, S.53)

Für die Studie wählte Lehmann 24 Landwirte der Verbände Bioland und Demeter aus, da diese Landwirte die Informations- und Beratungsleistungen der Verbände nutzen können und ein Verbandsbeitrag, laut Lehmann, für ein „grundsätzliches Interesse an Wissen und Austausch" spricht. (Lehmann 2005, S.46) Darüber hinaus wurden Öko-Landwirte befragt, die mehrere verschiedene Produkte anbauen und auch selbst vermarkten, da diese über ein hohes Maß an Kommunikationsfähigkeit verfügen. (Lehmann 2005, S.46)

Ein weiteres Kriterium zur Auswahl der Öko-Landwirte war die räumliche Eingrenzung auf Baden-Württemberg, um die Betriebsstrukturen so homogen wie möglich zu halten. (Lehmann 2005, S.46)

Die Öko-Landwirte wurden durch offene Formulierungen befragt und es wurde somit nicht jedes Thema und jede Fragestellung abgehandelt. (Lehmann 2005, S.53)

Die Themen, welche abgefragt wurden, waren beispielsweise allgemeine Angaben zum landwirtschaftlichen Betrieb, den Zeitpunkt der Umstellung auf die ökologische Landwirtschaft, umfassende Themen der Landwirtschaft (z.B. Fruchtfolge und Düngung), sowie die Informationsbeschaffung (z.B. bekannte Bücher und Zeitschriften). (Lehmann 2005, S.53, S. 173)

3.1.3   Ergebnisse der Studie

Die befragten Öko-Landwirte stellten sich als inhomogene Gruppe heraus, welche von studierten Agarwissenschaftlern, bis hin zu Rentnerpaaren mit kleinen Betrieben reichte. (Lehmann 2005, S.59)

Lehmann teilte die Befragten in vier Gruppen ein, nämlich die Typen „Könner", „Denker", „Macher" und „Fehlplatzierte" und setzte Beziehungen zu den untersuchten Merkmalen.

Dabei fiel auf, dass die Größe des Betriebs nicht abhängig von einer Altersgruppe ist, jedoch in der Gruppe der „Macher" mehr Großbetriebe bewirtschaftet werden. (Lehmann 2005, S.172f.)

Außerdem beschreibt Lehmann, dass in der Gruppe der „Fehlplatzierten" kein Betrieb in zweiter Generation geführt wird und in den 80er oder 90er Jahren auf die ökologische Landwirtschaft umgestellt wurde. (Lehmann 2005, S.173)

Eine deutliche Abgrenzung der „Könner" und „Macher" spiegelt sich im Bereich der abonnierten Fachzeitschriften wider, da in diesen beiden Gruppen mindestens eine konventionelle Zeitschrift abonniert wurde. (Lehmann 2005, S.173)

Bei der Informationsbeschaffung über Bücher und das Internet zeigt Lehmann keinen Unterschied zwischen den Gruppen auf. (Lehmann 2005, S.173)

3.2   Quantitative Studie: Namensgebung im kulturellen Wandel

3.2.1   Fragestellung der Studie

Im Folgenden wird eine quantitative Studie über den Zusammenhang zwischen der Namensgebung eines Kindes und der kulturellen Orientierung vorgestellt. (Burzan 2015, S.11f.)

Die Fragestellung, welche von Jürgen Gerhards in der Studie bearbeitet wurde, thematisiert den Wandel der Namensgebung in den letzten 100 Jahren und stellt diese in einen kulturellen Kontext.

Gerhards gibt an, dass es immer bestimmte Gründe für die Wahl des Vornamens gibt, selbst wenn die Eltern vage Gründe, wie der Gefallen eines Namens, angeben. (Burzan 2015, S.11f.)

Zwischen 1933 und 1942 steigt besonders die Wahl deutscher Vornamen, was gemäß Gerhards in einen politischen Kontext zurückzuführen ist. Da es nicht mehr nachvollziehbar ist, aus welchen Gründen dieser Anstieg zu verzeichnen ist, da es keine Daten gibt, um eine individuelle Überprüfung zuzulassen, beruft sich Gerhards auf eine theoretische Argumentation (Literarische Recherche und Datensammlung). (Gerhards 2003, S.97)

Ein weiterer Zusammenhang von kulturellem Wandel und der Namensgebung besteht laut Gerhards in den 1950er-Jahren. Zu dieser Zeit kam es vermindert dazu, dass Kinder den Vornamen des Elternteils erhalten haben. Der Grund dafür könnte in Verbindung damit stehen, dass weniger Menschen in der Landwirtschaft tätig waren und somit die Tradition nicht mehr gewahrt werden musste, dass das Kind bei der Hofübernahme den gleichen Vornamen besitzt. (Burzan 2015, S.12)

3.2.2   Methode und Auswertung der Studie

Die Forschungsmethode, die Gerhards für die Auswertung der Studie verwendet, ist die Inhaltsanalyse. (Burzan 2015, S.13ff.)

Er wertet zunächst folgende Angaben der 100 ersten Geburten der Jahrgänge 1894 bis 1994 bzw. 1998 der Städte Gerolstein, eine katholische Stadt in Westdeutschland, und Grimma, einer protestantischen (später konfessionslosen) Stadt in Ostdeutschland, aus:

- Geburtsdatum
- Vorname(n)
- Geschlecht
- Vornamen der Eltern
- Religionszugehörigkeit
- Beruf (Einteilung in unqualifiziert, qualifiziert und hoch qualifiziert). (Gerhards 2010, S.33f.)

Gerhards sortiert die Vornamen in den Kulturkreis ein und prüft die Vornamensgebung auf verschiedene Trends. (Burzan 2015, S.13ff.)

Anschließend bringt Gerhards die von ihm gesammelten Merkmale in einen Kausalzusammenhang mit literarischen Daten, z.B. dem Rückgang der Tätigen in der Landwirtschaft. (Burzan 2015, S.13ff.)

Wichtige Einflussfaktoren, die Gerhards herangezogen hat, sind beispielsweise die religiöse Bindung, die nationale Orientierung, die Beziehung der Verwandtschaft, die Individualisierung und Schichtspezifik, sowie die Globalisierung. (Burzan 2015, S.13ff.)

3.2.3   Ergebnisse der Studie

Gerhards stellt die Ergebnisse seiner Studie graphisch durch Kurvendiagramme dar, wobei er die Kurven zum Teil differenziert. (Burzan 2015, S.15)

Ein Beispiel ist der folgenden Abbildung zu entnehmen:

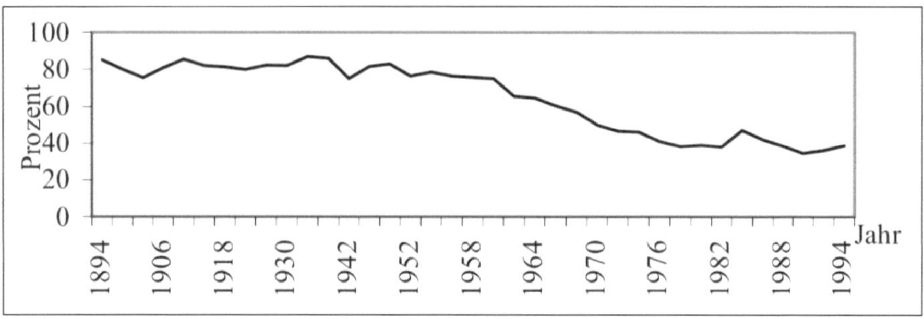

Abbildung 1: Anteil deutscher und christlicher Vornamen (Gerhards 2010, S.72, Abbildung 4.1)

Für Gerhards ergeben sich dabei folgende Trends:

- Durchgehend stärkere Traditionsorientierung bei Jungennamen (Gerhards 2010, S.174)
- Die Traditionsorientierung basierend auf der Religion, dem Staat und der Verwandtschaft nimmt im Laufe der Zeit ab. (Gerhards 2010, S.177)
- Zunahme von Namen aus anderen Kulturkreisen, besonders aus dem angloamerikanischen und romanischen Raum nach dem Zweiten Weltkrieg (Gerhards 2010, S.180)
- Die Individualisierung bei der Namenswahl ist bereits seit den 1950er-Jahren abgeschlossen. (Gerhards 2010, S.183)
- Die Zugehörigkeit der sozialen Schicht ist weiterhin von Bedeutung. (Gerhards 2010, S.185)

Als Gründe für diese Entwicklung nennt Gerhards beispielsweise die Expansion der Bildung als Änderung der Sozialstruktur und politische Zusammenhänge, sowie den Einfluss des Fernsehens als Beispiel für die Globalisierung. (Burzan 2015, S.15)

Resümierend lässt sich festhalten, dass Gerhards in seiner Studie über den Zusammenhang von der Namensgebung und dem kulturellen Wandel durch die literarische und geschichtliche Untermauerung an Plausibilität gewinnt und er seine Argumentation schlüssig darstellt. (Burzan 2015, S.15)

Für diese Studie ist die Anwendung einer quantitativen Forschungsmethode notwendig, da nicht mehr aus allen Jahren Personen befragt werden können und somit statistische Daten herangezogen werden und die Namensgebung teilweise sogar unterbewusst gesteuert wird, wie Gerhards auch dargelegt hat. (Burzan 2015, S.15)

4 Fazit und Ausblick

Es lässt sich festhalten, dass die qualitative und quantitative Forschung wertgleiche Forschungsmethoden sind, die auf unterschiedlichen Gebieten Anwendung finden.

Die qualitative Forschung wird angewendet, wenn eine kleine Zielgruppe vorliegt und wenig Vorwissen zu der Fragestellung vorliegt. Außerdem findet sie Anwendung in situationsgebundener Interpretation, da das menschliche Handeln oft keinen festen Gesetzen folgt.

Die quantitative Forschung hingegen wird für statistische und objektive Datenerfassung angewendet.

Wie in den aufgeführten Forschungsstudien deutlich wird, liegt der Schwerpunkt der Forschungen jeweils auf unterschiedlichen Methoden. In der qualitativen Forschungsstudie wurde eine Umfrage (qualitatives Interview) gewählt. In der quantitativen Forschungsstudie wurde eine Inhaltsanalyse als Methode gewählt. Jede Methode arbeitet hier mit ihren Stärken und erzielt „ihre" Ergebnisse.

Aus diesem Grund ist es meiner Meinung nach ein Gewinn für beide Forschungen, wenn diese jeweils miteinander kombiniert werden. Die qualitative Methode kann (und wird in der Praxis) angewendet werden, um mehr Informationen über die Befragten zu erfahren und den Fragebogen für die Umfrage zu konkretisieren. Anschließend kann die quantitative Forschung mit standardisierten Fragebögen angewendet werden, die dann objektive und präzise Ergebnisse liefert.

Des Weiteren gibt es in meinen Augen Fragestellungen (z.B. in der Psychologie), die sich mithilfe der quantitativen Forschung nicht bearbeiten lassen. Es spielen zu viele subjektive Aspekte in die Thematik ein und die Fragestellung kann so komplex werden, dass ein Erfassen nur mit einer qualitativen Forschungsmethode möglich ist. Beispielsweise wäre hier eine Ermittlung von Gefühlszuständen in bestimmten Situationen eine solche Fragestellung, die besser qualitativ ermittelt werden kann.

Auf der anderen Seite gibt es auch Fragestellungen, die sich besser statistisch erschließen lassen und sich somit die quantitative Methode besser eignet, als die qualitative Forschungsmethode. Beispielsweise wären Durchschnittswerte, dessen Auswertung statistische und numerische Ergebnisse erzielt, mit einer quantitativen Methode besser zu erfassen.

Nach der Gegenüberstellung von qualitativer und quantitativer Forschung halte ich es für sinnvoll, sich mit der Symbiose der beiden Forschungsmethoden zu beschäftigen, um von den jeweiligen Vorteilen in einer eigenen Forschungsstudie zu profitieren.

IV.   Literaturverzeichnis

Bacher, J / Horwath, I. (2011): Einführung in die Qualitative Sozialforschung. Johannes-Kepler-Universität Linz, Linz

Blanz, M. (2015): Forschungsmethoden und Statistik für die Soziale Arbeit. Grundlagen und Anwendungen. 1. Auflage, Kohlhammer Verlag, Stuttgart.

Bohnsack, R. (2010): Rekonstruktive Sozialforschung. Einführung in qualitative Methoden. 8. Auflage, Verlag Barbara Budrich, Stuttgart

Burzan, N. (2015): Quantitative Methoden kompakt. 1. Auflage, UVK Verlagsgesellschaft, Konstanz/München

Flick, U. (2009): Sozialforschung: Methoden und Anwendungen. Ein Überblick für die BA-Studiengänge. 3. Auflage, Rowohlt Taschenbuch Verlag, Hamburg

Gehmacher, E. (2008): Qualitativ und quantitativ – kein Methodenstreit. In: SWS-Rundschau, 48.Jg., Heft 02/2008, S.221-223

Gerhards, J. (2010): Die Moderne und ihre Vornamen. Eine Einladung in die Kultursoziologie. 2. Auflage, VS Verlag für Sozialwissenschaften, Wiesbaden

Kelle, U. (2008): Die Integration qualitativer und quantitativer Methoden in der empirischen Sozialforschung. Theoretische Grundlagen und methodologische Konzepte. 2. Auflage, VS Verlag für Sozialwissenschaften, Wiesbaden

Kromrey H. / Roose J. / Strübing J. (2016): Empirische Sozialforschung. Modelle und Methoden der standardisierten Datenerhebung und Datenauswertung. 13. Auflage, UVK Verlagsgesellschaft mbH, Konstanz und München

Lehmann, I. (2005): Wissen und Wissensvermittlung im ökologischen Landbau in Baden-Württemberg in Geschichte und Gegenwart. Sozialwissenschaftliche Schriften zur Landnutzung und ländlichen Entwicklung, Nr. 62. 1. Auflage, Margraf Verlag, Weikersheim

Schweer, M.K.W. (2017): Lehrer-Schüler-Interaktion. Inhaltsfelder, Forschungsperspektiven und methodische Zugänge, 3. Auflage, Springer Verlag, Wiesbaden

Wittenberg, R. / Knecht, A. (2008): Einführung in die empirische Sozialforschung I: Skript. 6. Auflage, Universität Erlangen-Nürnberg, Lehrstuhl für Soziologie und empirische Sozialforschung, Nürnberg